奇妙花园

[英]珍妮·布鲁姆/著　[冰岛]克里斯吉娜·S·威廉姆斯/绘
覃芳芳/译

长江出版传媒　长江少年儿童出版社

22—29
奇瓦瓦
沙漠

6—13
亚马孙
热带雨林

漫步在奇妙花园，
探索地球上五大奇妙的动植物栖息地，
你将在神奇的自然环境中，
遇到各种不可思议的动物。

步入奇妙花园

步入奇妙花园，你会发现这里的地形、气候以及其他自然条件，给生活在其中的生物造成了巨大的挑战，环境的显著差异简直令人惊讶。然而，无论这些栖息地的环境多么不同，生活在这里的生物都有一个共同点，那就是：每个栖息地上的动植物都在以各种难以置信的方式适应环境，努力生存。

几个世纪以来，人类和大自然一直和谐共存。如今，我们却开始逐渐远离大自然，奇妙花园正慢慢地被遗忘在人类家园的大门外。

那么，翻开这本书，在炎热潮湿的**亚马孙热带雨林**中缓慢前行吧；接着潜入**大堡礁**，看看形形色色的鱼类吧；随后你可以去领略地球上最干燥的生态系统之一——**奇瓦瓦沙漠**，放眼望去，沙漠无边无际；当你漫游在童话故事之林——**黑森林**中时，你会感到大自然离你如此之近；最后，你还可以前往位于"世界屋脊"的**喜马拉雅山脉**，在那里，你会看到地球上的奇妙花园像一幅壮丽的画卷，在你眼前徐徐展开。

亚马孙热带雨林

亚马孙热带雨林

面积广袤、环境复杂、物种多样的亚马孙热带雨林，堪称镶嵌在地球上的瑰宝。

追溯到5500万年前，有关雨林的各项数据大得令人难以置信：**总面积超过500万平方千米**；提供了地球上20%的氧气。

你的面前是莽莽林海，其间雾气缭绕。进入其中，空气开始变得浓厚，温度有所升高，但里面的湿气会让你感到十分湿冷，皮肤也会有一种黏黏的感觉。每走一步，出现在眼前的叶子数量就成倍增加，直到你觉得自己在这些植物面前变得像一个小矮人。茂密的植物遮住了地平线，阳光穿透厚厚的植被，到达地面时只洒下斑斑点点。抬头望去，参天大树高耸入云，而你就被笼罩在树荫下。

你独自站在森林里，拍打着落在身上的各种昆虫，听到躲在丛林中各种动物的嚎叫声和啼叫声。你已经身处亚马孙热带雨林中了。它是世界上最大的热带雨林，是地球上最大的生物聚集地之一。

这里是500万种植物和动物的家园，地球上有1500多种鸟类栖息在这里。这片栖息地大得令人难以置信。雨林的腹地流淌着它蔚为壮观的生命之源——**亚马孙河，长约6400千米**。它的干流和支流中生活着2000多种淡水鱼。在这里，有些动物的生存空间大得惊人，有些动物也可以只依靠一棵树生存下来。但每种动物就像它们的栖息地一样，非同寻常。这里还生活着一些堪称世界之最的动物：有世界上体形最大的蛇之一，即绿森蚺；也有世界上最凶猛的鱼类之一，即水虎鱼（也称食人鲳）；甚至还有世界上毒性最大的青蛙之一，即箭毒蛙。它们全都生活在这片丛林之中，刚才我们所提到的**只是冰山一角**，据说这里还有数百万的物种尚未被人类发现。

1. 棕头蜘蛛猴
2. 五彩金刚鹦鹉
3. 黑框蓝闪蝶
4. 美洲豹
5. 金狮面狨

空中翱翔

有些美丽的飞禽在空中自由翱翔,有些栖息在树枝上,装点着这片美丽的丛林。这是亚马孙热带雨林中最壮观的景象之一。

五彩金刚鹦鹉

一道红黄色的光芒在你眼前一闪而过,紧接着传来一声凄厉的尖叫,宣告着一只五彩金刚鹦鹉的到来。鹦鹉是世界上最有智慧的动物之一,探头探脑、成群结队、叽叽喳喳的五彩金刚鹦鹉就是其中一种。这些热闹非凡的鸟儿喜欢结伴生活,通常一生只有一个配偶。有些鸟群的数量甚至可达100只。但是五彩金刚鹦鹉并非只会叫个不停,它们也会使用工具,还能解决生活中的问题。

红嘴巨嘴鸟

嘎嘎!嘎嘎!你能听到红嘴巨嘴鸟响亮的啼叫吗?世界上约有40种巨嘴鸟,红嘴巨嘴鸟是其中体形最大的巨嘴鸟之一。它们栖息在树上,行动笨拙,喜欢在树枝间来回蹦跳,寻找浆果。它们的喙十分轻巧,其蜂窝状的构造更让人拍案称奇。这样的构造便于鸟儿将嘴伸进各种角落和缝隙里啄取食物。

领星额蜂鸟

闭上眼睛，你能听到嗡嗡的声音吗？抬头向上看，如果有一些微小的生物在奇花异草间快速地颤动盘旋，那么你看到的就是领星额蜂鸟。**这是一种体形微小而又特色鲜明的蜂鸟。**它们的翅膀每秒钟能拍打几十次，正因如此，蜂鸟的翅膀在人的肉眼看来都是模糊的。飞行时，它们的心脏每分钟大约跳动几百次，所以领星额蜂鸟需要食用含糖的花蜜来获得身体所需的高能量。它们用针状的喙从花朵中吸取花蜜。

哈佩雕

哈佩雕，又名角雕。许多栖息在热带雨林中的动物，从树懒到蜘蛛猴，甚至是全身长刺的豪猪，都十分惧怕哈佩雕。在雨林生态系统中，哈佩雕处于食物链的最顶端，没有任何动物以它们为食。**哈佩雕有着尖锐的喙、长长的利爪和灰黑色的羽毛**，是拉丁美洲猛禽之王，也是鹰类家族中体形最大、最凶猛的一族。任何猎物都难逃它们敏锐的目光。发现猎物之后，哈佩雕会首先盘旋到猎物附近，然后从空中俯冲下去，用巨大的利爪捕获猎物。一旦被抓住，猎物通常无法逃脱。

盎然生机

由于热带雨林气候温暖潮湿，这里生活着种类繁多的两栖动物和爬行动物。你能见到的动物种类，取决于一天中你去雨林探索众多水池和植物的时间。

箭毒蛙

箭毒蛙虽然看起来小巧而脆弱，但它们白天能够自由自在地穿梭于雨林之中。这多亏了它们那精妙绝伦的肤色。这种肤色是在警告潜在的猎食者们：它们体内含有致命的毒素。**一只箭毒蛙体内的毒素足以导致一名成年人死亡。**

玻璃蛙

夜间漫步在雨林中，你会发现整个雨林变成了**一个由悦耳的滴答声、叫唤声以及呱呱声组成的交响世界**。向上看，你会发现玻璃蛙就在高处的树叶上，用高亢的声音鸣叫着，一边吸引着雌蛙的注意，一边警告其他的雄蛙远离自己的领地。它腹部的皮肤就像玻璃一样透明。有些玻璃蛙的皮肤甚至透明到能看见它们跳动的心脏。

蝴 蝶

数百万只蝴蝶组成了一片**不断旋转的彩云**。黑框蓝闪蝶、金凤蝶等蝴蝶在空中形成一道绚丽的彩虹。

绿森蚺

缠绕在树枝上缓慢移动的就是长而粗壮的绿森蚺。这种蛇会不断长大，成为世界上最大的蛇之一。碰到猎物时，它们会紧紧地将其缠绕住，直至猎物死亡。

黑凯门鳄

一定要当心水中悄悄游动着的黑凯门鳄！盔甲般的鳞片和强壮的下颚，使得成年的黑凯门鳄成为顶级掠食者，它们十分凶猛，几乎没有天敌。

大堡礁

堪称世界之最的大堡礁面积十分庞大，从外太空都可以看到它的存在。

然而，透过特写镜头你会发现，**这个地球上庞大的生态系统简直令人不可思议：这里栖息着各种各样的物种，一派生机勃勃的景象。**

往前走去，土地逐渐由泥地变为沙地，一片金色沙滩从你的脚下延伸开来。空气中透着一股浓烈的味道，连微风似乎也是咸的，暖暖的海水拍打着你的脚丫。一条小船载着你穿越这片深蓝色的海，最终停驻，让你迈进那暖暖的逐渐退去的潮水中。

钻进海里，水底色彩斑斓的世界将会令你惊叹不已。水草在轻轻摇晃，五彩缤纷的鱼穿梭在千姿百态的珊瑚间。欢迎来到世界上最大的海洋"游乐场"——大堡礁。

大堡礁位于澳大利亚的昆士兰州以东，沿海岸线绵延2000多千米，大堡礁水域共有**600多个岛屿**，有地球上最大的珊瑚群。

在这里，你将见到令人眼花缭乱的海洋生物：**1500多种鱼，30多种鲸鱼、海豚和鼠海豚，600多种珊瑚，6种海龟和200多种鸟类**。但是，无论大堡礁的区域多么广阔，它仍然面临着污染和气候变化这两大威胁。当一株珊瑚感受到环境变化（如温度上升）带来的压力时，它就会驱赶共生在珊瑚组织中的藻类生物，自身就会变成全白。这就是人们常说的珊瑚白化现象。这种现象会使珊瑚面临极大的死亡危险。在过去的30年间，大堡礁超过一半的珊瑚已经消失不见。

1. 花斑拟鳞鲀
2. 伞膜乌贼
3. 普通章鱼
4. 寄居蟹
5. 单斑蝴蝶鱼

色彩斑斓的世界

在这个美丽迷人的生物圈里，多彩斑斓的鱼类和交错相连的珊瑚相互依存，一个鲜活灵动的水下世界尽收眼底。

千手佛珊瑚

水流起起伏伏，千手佛珊瑚的触须随之轻轻地摆动着，似乎正在寻找什么。这种长得像外星来客的生物将部分身体掩藏在河床内，并在周围建造了很多纤维外壳。一旦它感觉到危险临近，就会赶紧躲到壳里面去。它们的触须上分布着数百万微型的有毒刺细胞，有猎物路过时，它们就会伸长触须，将猎物刺晕，然后将其吃掉。

海 胆

海胆体形不大，很少移动，几乎完全不具有攻击性。但是在珊瑚礁中遭遇一只体形微小且浑身布满刺的海胆，可能是你人生中最痛苦的经历之一。它们周身布满长而有毒的刺，跟绣花针一样锋利。这种身体构造不仅使海胆自身受益，还能庇护寄居在它身上的无防备能力的小鱼。

黄带冠海龙

这种颜色亮丽的海马家族成员有着蛇一般的身体，因此不擅长在开阔的海域游泳。但是它完全能够适应珊瑚礁宁静而拥挤的海域环境。它们靠长长的嘴巴取食寄生在大鱼身上的浮游生物。

疣海星

在河床上搜寻片刻，你一定可以见到一只海星。随着年龄的增长，这种海星的肤色会发生显著的改变，从蓝到紫，再到黑色和金色。铠甲般的外壳保护它不受外界伤害。外壳下有数百只管足，它有一种惊人的本领：一旦失去一只腕，会重新长出一只。

大堡礁也是极受欢迎的旅游景点。鲸和海龟每年都会到这一片温暖又安全的水域产卵。儒艮也常常穿过这片水域，来觅食水草。

儒 艮

你也许可以看见一只憨态可掬的儒艮，从水中游向岸边，或正在静静地吃着海草。这种行动缓慢的兽类是大象的"远房表亲"，也是澳大利亚海域中唯一的食草哺乳动物。它们常常从一片海草床转移到另一片海草床去寻找食物。

绿海龟

世界上共有7种海龟，其中有6种生活在大堡礁。如果你足够幸运，也许能见到一只绿海龟，它从遥远的印度尼西亚海域途经南太平洋，洄游到原先的沙滩上筑巢产卵。绿海龟有着圆顶状的壳和鸟喙状的嘴。

友好来客

小须鲸

与小须鲸邂逅是前往大堡礁探险的一大乐事。数月前，它们在南极海域饱食磷虾，六七月间，雌性小须鲸便向北游去，在大堡礁温暖的海域中产子，并将其养大。众所周知，这种好奇而友善的鲸鱼喜欢与人类接触。

灰蓝扁尾海蛇

你可能会偶遇一位很小、却令你过目难忘的家伙：一条探头探脑的海蛇。海蛇虽然温顺，但是一旦咬上猎物，它会马上分泌大量的毒液。你可以夜间去找寻海蛇，因为它们一般在夜间外出觅食。假如你见到一条灰蓝扁尾海蛇，附近极可能还有很多条，因为灰蓝扁尾海蛇以群体觅食而闻名，有时甚至数百条一起行动。

奇瓦瓦沙漠

能在这片干旱的地区生存下来实属不易,这里的气温会直线上升,继而骤降到0℃以下。

奇瓦瓦沙漠地处美国和墨西哥两国边境的交界处,是北美洲最大的沙漠之一,也极可能是世界上物种最丰富的沙漠。

夕阳西下,你还在奋力地向上爬。骤降的气温会让你的皮肤感到一阵阵刺痛,干燥的沙漠空气会让你的喉咙十分干渴。然而,你的眼前已经展开了一幅巨大的风景画,天地宽广,一望无垠。脚下的土地开始灼人。附近有一些低矮的树丛。奇异的如雕塑般的仙人掌生长在这片贫瘠的土地上,盛开的仙人掌花把沙漠变成了一个色彩斑斓的万花筒。欢迎来到奇瓦瓦沙漠,世界上有四分之一种类的仙人掌都生长在这里。

奇瓦瓦沙漠海拔较高(平均1200米)。**这里的气温变化剧烈**,夏季可达40℃,冬季则通常降到0℃以下,且常常有暴风雪。在如此恶劣的条件下,很难想象各种生命是怎样生存下来的。但是,近距离地去观察,你会发现这里是一个物种多样、数量丰富的生态系统:有**130多种哺乳动物,3000多种植物,500多种鸟类以及110多种本土淡水鱼**。不仅动物以沙漠为家,很多人类也以此为家。现在,过度放牧和人口过剩使沙漠最宝贵的水资源变得紧张起来。降雨主要被两大山脉阻断,即西马德雷山脉和东马德雷山脉。然而,生物维持生命所需的水主要来自地下泉。泉水流经奇瓦瓦沙漠的"心脏"——**格兰德河**,成为**沙漠的生命之源**。

1. 黑脉金斑蝶
2. 墨西哥虎蛾
3. 大角羊
4. 领西猯
5. 黑尾长耳大野兔

适者生存

奇瓦瓦沙漠的生存环境恶劣，食物供给稀缺，动物很难在此生存。这里的物种生活异常艰难。有些动物，像墨西哥狼，就属于濒危物种。

墨西哥狼

几十年前，每当太阳消失在沙漠尽头，墨西哥狼的嗥叫就会回荡在整个沙漠。如今，**它们频繁遭到捕杀，几乎灭绝**。幸运的是，一个救援项目已经启动，计划帮助墨西哥狼重回故土。这些成群结队的墨西哥狼通常过着群居生活，狼群内部有着十分复杂的统治阶级。它们擅长捕猎，一般在夜间活动，并且喜欢成群围攻猎物。

走 鹃

仔细听，你能听到"咕咕"的声音，或许还伴随有扑腾扑腾的声音，那么你很可能遇到了奇瓦瓦沙漠最具标志性的动物之一：走鹃。从它的名字就可以猜到，这种鸟儿喜欢在沙漠中行走，遇到危险时才会展翅飞翔。它们快速奔跑的样子十分滑稽，但它们并不是好惹的。**走鹃有着强有力的双腿和锋利的喙，能够捕食毒蛇**。

金 雕

　　你或许能瞥见一只悄无声息从空中俯冲下来的金雕。**金雕是奇瓦瓦沙漠上最大的捕食性鸟类。**它们在空中翱翔，搜寻着灌木丛中的猎物。猎物通常是一只小型的哺乳动物，有时也会是像郊狼一样大的动物。金雕通常会跟另一只同伴一起捕猎。一只金雕负责先将猎物追得精疲力竭，然后另一只会以高达**320千米/时**的速度冲向猎物，将其捕获。

美洲豹

　　作为美洲最大的猫科动物，美洲豹是一种曾经在奇瓦瓦沙漠比较常见的动物。然而现在，人们很难见到一只在灌木丛中悄悄徘徊的美洲豹了。美洲豹喜欢单独捕猎，通常在黎明和黄昏时分出没。由于它们捕食家畜，遭到了人类的大量捕杀，导致其数量锐减。

微观世界

黑脉金斑蝶

黑脉金斑蝶在沙漠生态系统中扮演着举足轻重的角色。每年,数百万只金斑蝶穿越沙漠,抵达墨西哥中部过冬。它们从盛开的花儿中吸食花蜜,能帮助仙人掌花进行异花授粉。

黑头蛇

小心翼翼地翻开一块石头或木头,你也许会发现一条鬼鬼祟祟的黑头蛇。这种蛇很小,仅约35厘米长,极为罕见。它们一般夜间出行,因为那时它们可以享受地表温暖的温度,而不用担心被太阳烤焦。虽然它们体形很小,但依然是夺命高手,能够捕食有毒的蝎子。

沙漠上的物种适应能力极强。许多动物，比如恐怖的狼蛛，都是可怕的猎手。还有一些动物会用将对方置于死地的手段来保护自己。

狼蛛

夜间在地面疾走，你可能会遇到一只毛茸茸的大狼蛛。狼蛛不像其他蜘蛛那样织网捕食，它有一副毒牙，可以将毒液注入猎物体内。比起它咬人的习性，狼蛛的长相更令人惊恐。但事实上，比起蜜蜂，狼蛛叮咬给人造成的伤害更小。

墨西哥虎蛾

每逢春季，众多墨西哥虎蛾破茧而出。它们色彩艳丽的身体和翅膀散发出一种臭味，防止被猎物捕食。虎蛾也是一种夜行生物，它们夜间会发射出高频率的超声波。

吉拉毒蜥

吉拉毒蜥身形很大，行动缓慢，被它咬中异常疼痛。它们整个夏季都在黑暗中觅食，主要猎物是啮齿类动物和鸟类。它们的脂肪主要储存在尾巴中，这些脂肪会在寒冷的冬季为它们提供生存所需的能量。

黑森林

黑森林

树木繁茂的黑森林坐落于德国西南部，是一片长达150千米的狭长地带。

这里是稀有动物猞猁的栖息地，据说也是独角兽的天堂。这片古老又神秘的森林如梦似幻，令人难以区分是梦境还是现实。

当你进入到神秘昏暗的丛林深处时，你会发现自己被树木环绕。脚踩枝叶的噼啪声和沙沙声，让你周围的野生动物们不敢轻举妄动。但当你驻足仔细聆听，会听到空气中飘荡着小动物们共同演奏的"交响乐"。茂密的林地前面是一大片草地。春天，草地上各种野花争奇斗艳，竞相开放；冬天，草地上覆盖着一层厚厚的白雪。现在正值夏天，放眼望去，到处都是绿油油的景象。穿过这片开阔的空间，继续朝前走，用双手分开高高的草束，有潺潺的水声随风而来。循着水声，你会看见一片气势磅礴的瀑布在山谷中倾泻而下。

德国西南山区的西面和南面均与莱茵河谷接壤，是世界上最古老的林地之一。目前，**它的面积达10000平方千米**，但是与它前几个世纪所覆盖的面积相比，这仅仅只是其中的一小部分。罗马人最早称它为黑森林，是因为这里曾经生长着大量**暗黑色松树**。这种松树长得特别繁茂，人类几乎无法进入林中。如今，走在草木丛生的小道上，可以欣赏到雪峰、瀑布、仙女环、沼泽、青苔覆盖的峡谷，你会明白为何欧洲最受欢迎且经久不衰的童话故事会发生在这片浪漫之地，比如《长发公主》《白雪公主》《韩塞尔与葛雷特》等。这片苍翠繁茂的大地上有**好几座大山，8条河流**（包括多瑙河），还有**许多温泉**，为各种动植物提供了一个绝好的栖息地。

1. 欧亚猞猁
2. 赤狐
3. 大斑啄木鸟
4. 欧亚獾
5. 欧亚红松鼠

鸟类天堂

闭上双眼,侧耳倾听,你很快就会发现,黑森林是鸟类的天堂。

普通翠鸟

在河畔,如果你看到什么东西在你眼前一闪而过,那很可能是一只在水面飞速觅食的翠鸟。它主要以鱼(以及其他水生生物)为食。翠鸟的眼睛很特别,能减少从水面反射而来的光,从而快速定位水下猎物,并看清水下的状况。

雕鸮

驻足倾听，你可以听见回荡在森林中低沉的"噢呼"声，接着是一阵响亮的"唬唬"声，这便是雕鸮的叫声。这个强大的猎手是**地球上最大的猫头鹰种类之一**。它通常躲在树枝上打量森林里的情况，暗中监视下面猎物的一举一动，等待最佳时机。一旦时机成熟，它便朝猎物猛扑下来，用利爪将其一把擒住。

渡鸦

低沉的"嘎嘎"声预示着渡鸦的存在。如果你从渡鸦的眼睛里洞察到一丝狡黠的神色，那么别怀疑你自己的判断。因为人们发现这种鸟是一种极其聪慧的生物，它们非常狡猾，也是解决问题的能手。渡鸦的视力很好，喜欢圆形和闪闪发光的物体，例如鹅卵石或金属片，它们常常将这些东西偷走囤积起来，让别的鸟儿羡慕不已。

漫步森林

狍

当你听到一阵类似狗吠的叫声时，也许会感到困惑。这叫声实际上是幼狍发出来的。中世纪时期，这种动物在欧洲十分繁盛，但后来，由于19世纪和20世纪人类的大量捕杀，狍的种类和数量都有了极大的缩减。在林地中找个隐蔽的地方躲起来，**你很可能会在草丛里发现一只狍的踪迹。**

走出小道，你会发现自己置身于童话般的古老森林里，马鹿在那里自由自在地漫步，野猪低哼着在其间穿行。

马鹿

森林中回荡着的咆哮声正是马鹿的叫声，这是一种喜欢群居的动物。夏天，群居鹿群数量庞大。对于领头的雄性马鹿来说，秋季则是一个极具危险性的季节，因为它不仅要用武力保护雌性鹿群的安危，同时还需要保卫自己的领地不受其他雄性鹿群的攻占。

野猪

伴随着一阵"哼哼"声，某种动物正穿过低矮的灌木丛，你可能会碰到一头野猪。野猪的食物种类丰富、品种多样，几乎只要能吃的东西它都吃。你很可能在森林的低处看到野猪正在翻找食物，这一点也不奇怪，因为对于一头发育完全的成年野猪而言，每天需要消耗的能量大约是一个普通人所需能量的两倍。

喜马拉雅山脉

白雪皑皑的山峰和流光溢彩的山谷为世界屋脊增添了一份壮美。

这里是世界最高峰珠穆朗玛峰的所在地。**喜马拉雅山脉约有70多座山峰，海拔7000米以上的有40座。**

在最后一段旅程中，你将会穿过一片竹海。随着海拔的上升，气温会不断下降，风力也会越来越强劲。你的脸颊会感到火辣辣的疼，手指也会冷到麻木。白云掠过天空，慢慢聚拢，在空中形成一大团深灰色。突然飘来的一阵雪会使你的视线变得模糊不清。不久后，虽然暴风雪停了，但你会感到自己的脚正陷在及膝深的雪地里。走了一会儿，你就会开始气喘吁吁，因为你所处的海拔太高了，空气也越来越稀薄。最后，当你回过头去看自己已经走了多远的时候，你会发现一幅壮丽的山景图在你面前铺展开来。此时，你位于世界的最高处，站在雄伟的喜马拉雅山脉上。

喜马拉雅山脉从东到西绵延约2450千米，地处南亚，总覆盖面积约60万平方千米。它不仅是世界最高峰珠穆朗玛峰的所在地，还有着令人震惊的冰川。尽管喜马拉雅山脉高大巍峨，但它是地球上最年轻的山脉之一，并且其高度每年仍在上升。喜马拉雅山脉以梵文命名，"hima"代表"雪"，"alaya"代表"故乡"，喜马拉雅山脉的气候以暴风雪和大风天气而广为人知。这里的气候因海拔不同而变化多端。季风、洪水、山体滑坡、地震、雪崩等都是喜马拉雅山脉各地区共同面临的威胁。从山麓的热带森林到贫瘠多岩的山腰处，各种生物以自己独特的方式适应着这里的环境，并一代代生存繁衍下来。

41
山脉篇

1. 喜山金背三趾啄木鸟
2. 凤头鹰雕
3. 黑颈鹤
4. 棕尾虹雉
5. 蓑羽鹤

山麓生机

亚洲黑熊

度过最寒冷的天气，脾气暴躁的亚洲黑熊（又称月亮熊）离开巢穴，结束了冬眠。这种熊的胸前有一块"V"字形白斑，因此很容易识别。亚洲黑熊喜欢夜晚捕食，白天通常都在睡觉。

喜马拉雅山脉因其雪山而闻名，但来到东坡山麓，你会发现一片竹海覆盖着这片崎岖的山地。

孟加拉虎

当你看到一个幽灵般的生物从阴影中走出来的时候，待着别动，并屏住呼吸。一只白虎正在草地上巡视，寻找它的下一个猎物。这个"白色猎人"是濒危动物——孟加拉虎的后代，是一种因基因突变而从琥珀色变成白色的虎类。

小熊猫

一只小熊猫用尾巴盖着眼睛,整个上午都蜷缩在树枝上休息。下午,你可能会听到它从睡梦中醒来,发出呜呜吱吱的声音。小熊猫生活在较温暖的气候条件下,因此可以在喜马拉雅山的温带森林里发现它们的踪迹。小熊猫比家猫稍大一些,十分善于攀爬。但由于前肢很短,小熊猫在地面上行走时显得步履蹒跚,憨态可掬。

高原草甸

到了海拔更高的地方，山上便不再覆盖着茂密的森林。然而，这片石山地区也并非毫无生机：在春天和夏天，这些高山草甸开满了鲜花，一些动物，如雪豹和斑羚，会冒险来到这块树木线以上的地方。

雪 豹

这个濒危物种是十分擅长隐蔽的猎人，在野外捕捉到它的身影比捕捉其他动物（如斑羚）的身影更加困难。雪豹厚厚的灰白色皮毛与被白雪覆盖的岩石融为一体，这样它在陡峭的山坡上追击和突袭猎物之前，就能悄悄地靠近猎物了。

斑羚

机警的斑羚很难被人发现,它们以矫健的步伐快速穿梭在石山地带,喜欢在昏暗的清晨和傍晚出没,巧妙地隐藏在恶劣的自然环境中。白天,它们慵懒地晒着太阳,只有在危险来临时,才会警觉起来。

野牦牛

你可能会有机会一睹野牦牛的风采,它们是这里体形最大的动物之一。许多家牦牛都由牧人圈养,但仍有一小群野牦牛生活在喜马拉雅山脉。它们从头到脚都长着浓密的长毛,使得它们能够很好地适应这里恶劣的环境。

索引

A

澳大利亚　16,20

B

斑羚　44,45

玻璃蛙　12

C

赤狐　33

D

大斑啄木鸟　32,33

大堡礁　5,14—21

大角羊　25

大象　20

单斑蝴蝶鱼　16,17

德国　32

雕鸮　35

东马德雷山脉　24

渡鸦　35

多瑙河　32

F

凤头鹰雕　41

G

格兰德河　24

H

哈佩雕　11

海胆　19

海龟　16,20

海马　18,19

海豚　16

豪猪　11

黑颈鹤　41

黑凯门鳄　13

黑框蓝闪蝶　9,13

黑脉金斑蝶　25,28

黑森林　5,30—37

黑头蛇　28

黑尾长耳大野兔　24,25

红嘴巨嘴鸟　10

花斑拟鳞鲀　17

黄带冠海龙　19

灰蓝扁尾海蛇　21

J

吉拉毒蜥　29

寄居蟹　17

箭毒蛙　8,12

郊狼　27

金雕　27

金凤蝶　13

金狮面狨　9

鲸　16,20,21

K

昆士兰州　16

L

莱茵河谷　32

狼蛛　29

磷虾　21

领西貒　25

领星额蜂鸟　11

绿海龟　20

绿森蚺　8,13

M

马鹿　37

猫科　27

美洲　24,27

美洲豹　9,27

孟加拉虎　42

墨西哥　24,28

墨西哥虎蛾　25,29

墨西哥狼　26

N

南极　21

南太平洋　20

南亚　40

O

欧亚红松鼠　32,33

欧亚獾　32,33

欧亚猞猁　32,33

欧洲　32,36

P

狍　36

普通翠鸟　34

普通章鱼　17

Q

奇瓦瓦沙漠　5,22—29

千手佛珊瑚　18

R

儒艮　20

S

伞膜乌贼　17

珊瑚　16,18

鼠海豚　16

树懒　11

水虎鱼　8

蓑羽鹤　41

W

温带森林　43

五彩金刚鹦鹉　9,10

X

西马德雷山脉　24

喜马拉雅山脉　5,38—45

喜山金背三趾啄木鸟　40,41

仙人掌　24,28

小熊猫　43

小须鲸　21

蝎子　28

雪豹　44

Y

亚马孙河　8

亚马孙热带雨林　5,6—13

亚洲黑熊　42

野牦牛　45

野猪　37

印度尼西亚　20

疣海星　19

月亮熊　42

Z

珠穆朗玛峰　40

棕头蜘蛛猴　9,11

棕尾虹雉　41

走鹃　26

图书在版编目(CIP)数据

奇妙花园 / (英) 布鲁姆著; (冰) 威廉姆斯绘; 覃芳芳译. -- 武汉: 长江少年儿童出版社, 2017.4
书名原文: Wonder Garden
ISBN 978-7-5560-4535-8

Ⅰ.①奇… Ⅱ.①布…②威…③覃… Ⅲ.①生态群—儿童读物 Ⅳ.①Q145-49

中国版本图书馆CIP数据核字(2016)第067860号
著作权合同登记号: 图字17-2015-199

奇妙花园

[英]珍妮·布鲁姆 / 著　　[冰岛]克里斯吉娜·S.威廉姆斯 / 绘　　覃芳芳 / 译

责任编辑 / 傅一新　佟一　王浩淼
装帧设计 / 钮灵　美术编辑 / 周艺霖
出版发行 / 长江少年儿童出版社　经销 / 全国新华书店
印刷 / 当纳利(广东)印务有限公司
开本 / 889×1194　1/8　7印张
版次 / 2022年4月第1版第2次印刷
书号 / ISBN 978-7-5560-4535-8
定价 / 128.00元

The Wonder Garden

The Wonder Garden copyright © Aurum Press Ltd 2015
Illustrations copyright © Kristjana S Williams 2015
Written by Jenny Broom
First published in Great Britain in 2015 by Wide Eyed Editions, an imprint of Aurum Press.
All rights reserved.
No part of this publication may be reproduced, stored in a retrieval system, or transmitted, in any form, or by any means,
electronic, mechanical, photocopying, recording or otherwise without the prior written permission of the publisher or a
licence permitting restricted copying.
Simplified Chinese copyright © 2017 Dolphin Media Co., Ltd
本书中文简体字版权经英国Wide Eyed Editions授予海豚传媒股份有限公司,
由长江少年儿童出版社独家出版发行。
版权所有, 侵权必究。

策划 / 海豚传媒股份有限公司
网址 / www.dolphinmedia.cn　邮箱 / dolphinmedia@vip.163.com
阅读咨询热线 / 027-87391723　销售热线 / 027-87396822
海豚传媒常年法律顾问 / 湖北申筒通律师事务所　陈刚　18627089905　573666233@qq.com